HIPPOMÊTRE

OU

INSTRUMENT

Propre à mesurer les chevaux, & à juger des dimensions & proportions des parties différentes de leurs corps, avec l'explication des moyens de faire usage de cet instrument.

A PARIS,

Chez VALLAT LA CHAPELLE, Libraire au Palais, sur le Perron de la Sainte-Chapelle, au Château de Champlâtreux.

M. DCC. LXVIII.

AVEC PERMISSION.

Approbation du Censeur Royal.

J'AI lu, par l'ordre de Monseigneur le Vice-Chancelier, & approuvé une Brochure imprimée qui a pour titre, *Hippomêtre, &c.* A Paris, ce 16 Juin 1768. LA CHAPELLE, *Membre de la Société Royale de Londres.*

ÉCOLE ROYALE VÉTÉRINAIRE.

HIPPOMÊTRE.

Description & usage de cet Instrument.

L'HIPPOMÊTRE est un Compas à deux branches, propre à mesurer les Chevaux & à les comparer les uns aux autres dans leur conformation extérieure.

C'est le Compas de proportions exécuté en grand, mais réduit aux lignes *des parties égales*, répétées dessus & dessous, & fidelement correspondantes d'une face à l'autre. Ses branches ont dix-huit pouces de longueur; les parties sont numerotées en conséquence d'une triple sous-division de la totalité de la ligne; quelques-uns de ſes points ſont diſtingués par un ſecond ordre de numéros.

Nous donnerons une idée plus claire des particularités qui caractériſent cet Inſtrument, en expoſant les principes ſur leſquels elles ſont fondées.

Le principal avantage de l'Hippomêtre eſt de faciliter la comparaiſon d'un Cheval quelconque, avec un Cheval reconnu pour être réguliérement beau par ſa forme & par les proportions qui regnent entre ſes parties extérieures, reſpectivement au tout qu'elles compoſent. Il eſt évident que ſi les Chevaux à comparer ſont plus grands ou plus petits que celui qu'on prend pour modele, il n'eſt d'autre moyen d'éluder la difficulté qui réſulte de l'inégalité de leurs tailles, que celui que nous offrent des échelles de proportions.

En effet, ſi pour chaque Cheval on conſtruit une échelle dont la longueur totale ſoit celle d'une partie bien terminée de ce même Cheval; ſi cette partie eſt ſemblable à celle qu'on a choiſie pour le même objet dans le modele; ſi toutes ces échelles quoique de longueur différentes, ſont diviſées en pareil nombre de parties égales, ſans reſte ni défaut; enfin ſi l'on meſure chaque

Cheval avec sa propre échelle, on pourra comparer les dimensions des membres de l'un à celles des membres de l'autre, les têtes aux têtes, les corps aux corps, en un mot les grands Chevaux aux petits Chevaux, avec autant de précision que s'ils étoient tous de la même taille.

La partie que nous prenons dans tous les Chevaux à comparer, pour déterminer la longueur de leur échelle propre, est la tête. Ce choix est si naturel, que si nous en avions fait un autre, on auroit été fondé à se rendre fort difficile sur la validité des raisons que nous aurions pu donner pour le justifier. La longueur de la tête du Cheval constitue donc la longueur totale de son échelle propre: or l'Hippomêtre étant ouvert de maniére que les points extrêmes de chaque branche soient distans l'un de l'autre de toute la longueur de la tête du Cheval que nous nous proposons de comparer, sera l'échelle propre de ce Cheval, & l'instant d'après il deviendra de la même maniére, celle du plus grand ou du plus petit animal de cette espece.

Cette échelle susceptible d'alongement depuis trois pouces jusqu'à trente-six pouces, reste toujours divisée en nombre pareil de parties égales. C'est la propriété de tout compas de ce genre.

Le nombre des plus petites parties égales de celui ci, est deux cent seize; nous les nommons *points*. Vingt-quatre *points* font une *seconde*, que nous exprimons par le signe (″). Les points, à dessein d'éviter la confusion, ne sont cottés que de six en six, commençant à compter sur le centre du clou qui réunit les deux branches; les cottes sont (6, 12, 18, 1″). Ce dernier signe est celui de la premiere *seconde* formée par les vingt-quatre premiers *points*. Après le signe (1.″) la suite des numeros des *points* recommence, & le signe (2.″) est appliqué au vingt-quatriéme *point* de cette tranche, pour exprimer la deuxiéme *seconde*. La même suite recommence après ce dernier signe & se termine par le signe (1.′) qui veut dire une *prime* ou premiere *prime*: or la *prime* est un tiers de la longueur de la tête. Après le signe (1.′) revient la suite des *points*; elle amene la premiere *seconde* de la deuxiéme *prime*; la deuxiéme & la troisiéme *seconde* de la deuxiéme *prime*, sont précédées par la même suite de *points*; mais la troisiéme *seconde* est cottée (2.′). Après ce dernier signe, revient dans le même ordre, la ſuite de *points* & de *ſecondes*, comme dans les deux premieres *primes*, pour completter la troiſiéme *prime*, & la longueur de la ligne. Ce point extrême eſt cotté du mot *tête*.

Ces diviſions & ſous-diviſions ſont indiquées par la nature. Nous partageons en trois *primes* la longueur totale de la tête du Cheval. Sa plus grande largeur, ſa partie la plus frappante & qui appelle le plus conſtamment nos regards, eſt en effet au tiers de cette longueur, en deſcendant du toupet qui la termine ſupérieurement, & le ſecond tiers eſt marqué par les premieres dents molaires qui impriment à chaque côté du contour de la tête vue de face, une éminence fort ſenſible.

Nous diviſons la *prime* en trois *ſecondes*. Le premier tiers de la *prime* ſupérieure ſe termine à la baſe des oreilles.

La fin du ſecond eſt marquée par les *points* les plus ſaillans des os temporaux.

Celle du troiſiéme & de la premiere *prime*, par les *points* les plus ſaillans des orbites.

Celle du premier de la ſeconde *prime*, par le milieu des épines maxillaires & zigomatiques.

Celle du ſecond par la terminaiſon des épines maxillaires.

Celle du troiſiéme & de la ſeconde *prime*, par les premieres dents molaires.

Celle du premier de la troiſiéme *prime*, par l'épine du nez, & par le lieu où la tête vue de face a le moins de largeur.

Celle du ſecond, par le milieu des nazeaux.

Le dernier ſe termine avec la troiſiéme *prime*, au bout inférieur de la lévre antérieure.

Enfin, nous avons diviſé la ſeconde en vingt-quatre *points*, pour tenir compte des moindres différences.

Nous avons vu ci-devant que notre compas devenoit dans l'inſtant l'échelle propre de tout Cheval; nous obſerverons ici qu'il a cette propriété, ſans ceſſer d'en avoir une autre très-eſſentielle, celle d'être en même temps & ſur tel angle que ce ſoit, le renſeignement exact de toutes les proportions principales des parties extérieures d'un Cheval parfait dans ſa forme. Il aggrandit ou rabaiſſe à notre gré la taille de ce Cheval qui nous tient lieu de modele, il la conforme dans le moment à celle du Cheval que nous voulons lui comparer.

L'Hippomêtre tire cette ſeconde propriété des *points* diſtingués par le ſecond ordre de numéros, & de la table qu'on trouvera ci-après. Ces *points*, quoique du nombre de ceux qui terminent les *parties égales*, ſont aiſés à diſcerner à l'aide du chiffre qui leur eſt appliqué. l'ordre de ces chiffres eſt 1. 2. 3. &c. il commence auprès du clou, & va de ſuite juſqu'au dernier ſans interruption.

Ces derniers numéros ſont appliqués chacun à une des dimenſions particulieres d'une des parties extérieures du Cheval qui, tout abſent qu'il eſt, nous tient lieu de modele. Ces parties ſont toutes rappellées dans leur ordre naturel, par la table dont nous venons de parler. Chaque article de cette table commence par la dénomination de la partie, donne l'indication du ſens dans lequel elle doit être meſurée, & des points, ſoit de ſa ſuperficie, ſoit de ſon contour où doivent être appliquées l'une & l'autre pointe du compas. Et ſe termine enfin par le numéro attribué à la dimenſion qu'on trouveroit dans le modele entre ces deux points.

A l'aide de ce numéro cité par la table,

& gravé ſur l'Inſtrument, on reconnoît au premier coup d'œil, les points qui donnent réellement cette meſure par la longueur de la ſous-tendante qui les ſépare l'un de l'autre, le compas étant ouvert à l'angle convenable.

Si la même partie doit être meſurée en pluſieurs ſens, la table la rappelle dans autant d'articles qu'il y a de ſens à obſerver. Si elle doit être meſurée en pluſieurs lieux de ſon étendue, elle eſt de même rappellée en autant de nouveaux articles qu'il y a de lieux à diſtinguer, & chacun de ces articles renvoie à un numéro particulier.

La meſure priſe ſur un Cheval, conformément à la table, & préſentée ſur l'Hippomêtre ouvert à l'angle convenable, ſe trouve-t-elle être la ſous-tendante juſte des points indiqués ? ce Cheval eſt conforme au modele à cet égard. Eſt-elle trop longue ou trop courte ? on connoît préciſément la valeur de l'excès ou du défaut de proportion par lequel il peche ; il ne s'agit que de chercher parmi les parties égales celles dont la ſous-tendante s'accorde avec cette meſure, & de compter les *parties égales* qui ſe trouvent entre le point noté & celles ſur leſquelles tombent les extrémités de cette même meſure.

La table porte de plus dans chaque article, l'énoncé en ᵗ. ′. ″. & *points* de la meſure que doit donner l'Hippomêtre par la ſous-tendante des *points* qu'indiquent le numéro ; elle donne par-là le moyen de vérifier l'Inſtrument par rapport au placement de ces *points*.

On ſuppoſe dans les articles qui concernent la tête une ligne verticale tangente du milieu du front & du nez. Cette ligne n'eſt pas ſans fondement. Si la tête d'un beau Cheval eſt bien placée, le nez eſt à l'à-plomb du front. On ſuppoſe encore que cette ligne eſt coupée à angles droits par dix plans qui coupent la tête en neuf tranches d'une ſeconde de hauteur chacune, & paſſent par conſéquent par les points que nous avons fait remarquer en rendant compte des diviſions de l'échelle : or les meſures de hauteur ſont données par ces plans ; la table n'indique que les meſures de largeur. Celles-ci ſont les intervalles réels & en lignes droites, qui ſéparant les points ou les contours des parties déſignées par les chiffres du ſecond ordre, couperoient, ou cesseroient de toucher le plan indiqué.

Venons à ce qui concerne la mensuration du Cheval qu'on se propose de comparer.

Un compas à pointes, & même à pointes recourbées, comme celles dont on se sert pour mesurer les corps sphériques, n'est pas propre à cette opération. L'animal pourroit être très-aisément blessé lors de leur approche ou de l'application qu'on en feroit; il y auroit toujours du danger pour celui qui mesure. On pourroit à la vérité former ces pointes de façon à prévenir ces événemens; mais pour embrasser la tête d'un grand Cheval, il faudroit que ce compas fût très-grand, il seroit par conséquent très-incommode; d'ailleurs il n'auroit pas toutes les propriétés requises.

Observons en effet qu'on ne peut prendre & transmettre les mesures de corps aussi peu rapprochés des corps géométriques que le sont ceux des animaux, qu'autant qu'on fixe à tous égards la position de ces corps & de leurs membres, respectivement à celle de l'œil qui les considere. Observons en second lieu, que si l'œil & l'objet restoient fixés chacun dans sa position, toutes les dimenſions qu'on pourroit prendre conſéquemment aux contours qui ſe peindroient dans l'œil, ne ſeroient point les dimenſions réelles de l'objet. La perſpective nous en donne la preuve. Il faut donc que l'œil change de lieux deux fois à chaque dimenſion, & ſe place ſucceſſivement vis-à-vis chacun des points qui la terminent. C'eſt ce que ſuppoſe la méthode du deſſein géométral, c'eſt auſſi celle que nous avons ſuivie, comme la ſeule propre à tranſmettre des meſures préciſes, & la ſeule convenable quand la juſteſſe eſt néceſſaire. Elle ſuppoſe que les rayons qui partent des divers points de l'objet, & viennent le peindre dans nos yeux, produiſent cet effet ſans ceſſer d'être exactement paralleles entr'eux, & perpendiculaires au plan général de l'objet qui les envoie, comme au plan qui les reçoit.

D'après ces conſidérations, nous avons préféré le compas à verge pour prendre les meſures ſur l'animal, & les préſenter enſuite ſur l'Hippomêtre. La verge eſt en quelque ſorte une partie du plan qui reçoit les rayons réfléchis à angles droits par l'objet. Un œil doué de juſteſſe, ſoit naturelle, ſoit acquiſe par un peu d'exercice, préſente aiſément les jambes de ce compas, de maniere qu'elles ſoient perpendiculaires au plan général du corps qu'elles meſurent, ſoit dans ſa largeur, ſoit dans ſa longueur, ſoit enfin dans ſon épaiſſeur, & que la verge ſoit parallele à l'horiſon, ſi ce n'eſt dans les cas où la table preſcrit quelqu'obliquité; cette obliquité n'étant jamais au ſur plus en tel ſens que la verge ceſſe d'être parallele au plan général de la maſſe, & à celui qu'on ſuppoſe en recevoir les rayons.

L'œil a pour guides, ou du moins pour ſecours dans la recherche de la juſteſſe à cet égard, la verge & la perpendicularité des jambes ſur cette verge. D'ailleurs, avec ce compas conſtruit ſélon notre méthode, c'eſt-à-dire avec des jambes qui ſe préſentent réciproquement un plan bien dreſſé, bien perpendiculaire en tout ſens à la verge, par conſéquent toujours parallele à celui qui lui eſt oppoſé par l'autre jambe, avec un tel compas, diſons nous, quelqu'obliquité dans la verge ne ſauroit tirer à conſéquence. Il n'en ſeroit pas ainſi de la part du compas à tête; il eſt évident qu'il n'aideroit aucunement les yeux, & qu'il ne ſeroit propre qu'à les tromper & à nous jetter dans des erreurs notables. On ne connoîtroit pas aiſément quand une jambe ſeroit ſur le contour géométral, ou dans une cavité voiſine. Si le contour géométral eſt ſur le devant du membre par rapport à ſa face latérale à droite, & en arriere par rapport à ſa face latérale à gauche, le compas à tête ne peut donner qu'une meſure diagonale de l'eſpace qui les ſépare, & par conſéquent n'en peut donner qu'une meſure fauſſe.

Nous avons donné vingt-huit pouces de roi de longueur totale à la verge de notre compas ; on peut y adapter différentes jambes, les unes d'un pied de longueur, pour prendre les meſures éloignées du contour extérieur, & les autres beaucoup plus courtes, pour prendre les meſures plus rapprochées de ce contour. Ces jambes n'ont pas de pointes; mais comme nous l'avons déjà dit, leur face intérieure eſt un plan exactement dreſſé juſqu'au bout ; il ſuffit d'appliquer ces bouts ſur les branches de l'hippomêtre pour reconnoître avec juſteſſe les points qu'ils auroient marqués s'ils avoient été terminés en pointe.

La verge eſt diviſée ſur une face ſeulement en pouces & lignes de roi par deux raiſons importantes.

Premierement, les têtes, primes, secondes, points, ne sont que des mesures relatives, qui ne donnent aucune idée de la grandeur réelle de la chose mesurée: par la division de la verge on réduit facilement ces mesures relatives à une mesure usitée & connue généralement.

Secondement, ce compas, quoique grand, ne l'est pas assez pour prendre les mesures de hauteur & de longueur totale du corps d'un cheval, quelque petit qu'il soit. Aussi supposons-nous qu'on est pourvu d'un grand compas du même genre, exécuté simplement en bois, si l'on veut. Celui-ci doit avoir six pieds de longueur mesurée de la face intérieure d'une de ses jambes, (immobile, à moins qu'on n'ait une raison contraire) jusqu'au bout de la verge. Cette verge est divisée en pieds, pouces & lignes de roi, comme celle du premier. Les jambes ont un pied de longueur, & portent elles-mêmes leur boîte; enfin la boîte mobile est munie de sa vis d'arrêt.

Supposons à présent, pour donner un exemple de notre opération, & pour en expliquer quelques points importans, que nous ayons à examiner un cheval par rappórt à sa forme, & à désigner en quoi péchent ses parties dans les proportions.

Nous prendrons d'abord avec le compas à verge, la longueur de sa tête; pour cet effet, nous appuierons sur le sommet du toupet une des jambes de cet instrument, fixée par la vis d'arrêt au bout de la verge.

Nous tiendrons cette verge parallélement au milieu de la largeur de la tête, au front & au nez. Nous ferons glisser la jambe inférieure en contre-haut, jusqu'à ce qu'elle touche à la levre antérieure sans la raccourcir, & nous fixerons cette mesure par la vis d'arrêt. Comme la verge est divisée en pouces & lignes, nous compterons le nombre de ces divisions qui constituent la longueur trouvée. Nous prendrons deux fois & demi ce nombre,* & nous ouvrirons le grand compas à la mesure qui résultera de cette opération de calcul: mais nous aurons soin d'en disposer les jambes de façon que l'une soit horisontale, tandis que l'autre sera verticale.

* En jettant les yeux sur les articles *Corps* de la Table, on verra que la longueur du corps est deux fois & demi celle de la tête.

Si, par exemple, nous avons trouvé vingt-deux pouces trois lignes de tête, nous ouvrirons le grand compas à cinquante-cinq pouces sept lignes & demi, produit de vingt-deux pouces trois lignes, par deux & demi. Nous préſenterons cette meſure, de la pointe de la feſſe à celle de l'épaule, appliquant à la croupe la jambe horiſontale, & laiſſant pendre l'autre, parce que la pointe de l'épaule eſt très-près de la face latérale, & qu'il n'en eſt pas ainſi du ſecond terme de cette meſure. L'épaiſſeur de la joue de la boîte ſuffit pour atteindre à la pointe de l'épaule.

Si cette meſure de cinquante-cinq pouces ſept lignes & demi n'eſt pas juſte, nous noterons de combien elle eſt trop longue, ou trop courte ; nous déboîterons enſuite la jambe mobile du grand compas, & nous la remboîterons le deſſus deſſous ; nous la fixerons à cinquante-cinq pouces ſept lignes & demi, à compter de l'extrémité de la verge, deſtinée à porter ſur le ſol ; nous préſenterons cette meſure au ſommet du garot, pour reconnoître s'il eſt préciſément à cette hauteur, à compter depuis la ſurface du ſol, au long d'une verticale que la verge forme dans cet inſtant. Si la meſure eſt trop grande, nous noterons de combien elle l'eſt, & de même ſi elle eſt trop courte.

Si la meſure ſe trouve trop longue pour la

la hauteur du garot, & pour la longueur du corps, & que la différence soit la même à l'égard de l'une & de l'autre de ces principales dimensions, nous conclurrons que ce cheval a la tête trop longue en proportion de son corps; & pour reconnoître s'il n'a que ce défaut, nous prendrons les deux cinquiémes de la longueur du corps, ou de sa hauteur, indifféremment, puisque dans notre supposition elles sont égales, & nous ouvrirons notre hippomêtre à cette mesure, & non à celle de la tête: c'est-à-dire, que si nous n'avons trouvé, par exemple, que cinquante-deux pouces neuf lignes, soit de hauteur, soit de longueur, nous ouvrirons notre hippomêtre, de sorte que les points tête soient séparés l'un de l'autre de vingt & un pouces une ligne un cinquiéme, qui sont les deux cinquiémes de cinquante-deux pouces neuf lignes.

Si les mesures de hauteur & de longueur sont égales entre elles, mais plus grandes que deux têtes & demi, nous dirons que la tête du cheval est trop courte pour sa taille, & nous ouvrirons l'hippomêtre selon la regle que nous venons d'expliquer, ensorte que la sous-tendante sera plus longue que la tête.

Si enfin les mesures de hauteur & de longueur du corps sont inégales entr'elles, on choisira entre celle de la tête, celle de la hauteur du corps & celle de sa longueur, celle qui aura le plus de rapport à l'épaisseur du corps, à sa largeur, & à la longueur de l'encolure * qui doivent être égales entr'elles dans un cheval bien proportionné.

* Voyez la Table, pour ces mesures & les points où il faut appliquer le Compas.

Ces premiéres opérations faites, & le compas fixé à l'angle convenable, nous suivrons tous les articles de la Table, mesurant la partie que chacun d'eux indique, & présentant chaque mesure que nous aurons prise, aux points de l'hippomêtre prescrit par le même article. Nous nous adresserons à la face intitulée *Avant-main*, pour toutes mesures qui la concernent, & à la face opposée pour celles qui dépendent du corps & de l'*Arriere-main*.

Nous pensons avoir suffisamment expliqué la maniére de consulter l'hippomêtre, & nous nous étendrons peu sur l'utilité de cet instrument.

La beauté de l'animal consiste dans la convenance & dans l'unité non seulement de chaque membre par rapport au tout, mais de chaque partie par rapport au membre qu'elle compose; or cette unité & cette convenance résident nécessairement dans la justesse & dans l'exactitude des proportions. Il étoit donc d'une importance extrême de les rechercher, & d'offrir des moyens surs & faciles de mettre à profit nos travaux & d'en apprécier la valeur. Jusqu'ici on s'en est tenu à des apparences trompeuses; un cheval plaît aux uns tandis qu'il déplaît aux autres, parce que faute de principes découverts & établis, tous les jugemens que l'on porte ne sont fondés que sur des idées habituelles qui différent comme les chevaux qui les ont fait naître. On pourra donc se rendre compte désormais des raisons par lesquelles un cheval plaira, & dès qu'on ne s'en rapportera plus à l'unique & très-équivoque témoignage des sens, les opinions seront moins distantes & moins incompatibles; on sera convaincu qu'il ne suffit pas de connoître matériellement la forme d'une partie pour décider du tout ensemble, & l'on cessera d'accorder ses suffrages à des animaux défectueux & le plus souvent indignes de la nature. D'ailleurs il sera facile de se familiariser avec les regles & les mesures que nous indiquons ; si l'on en fait de fréquentes applications, elles se graveront profondément dans la mémoire. L'œil du Peintre, insensiblement accoutumé à juger conformément aux préceptes de son art, n'a pas besoin de compas & d'échelle pour décider du défaut de proportions d'une figure, & pour réduire un dessein : pourquoi dans le nôtre n'obtiendrions-nous pas le même avantage de l'habitude & de l'expérience ?

Nous souhaitons, au surplus, que ces Artistes, ainsi que les Sculpteurs, trouvent ici un recueil de vérités utiles, dont il est dangereux de s'écarter, d'autant plus que les licences ne mettent que trop souvent le faux à la place du vrai, & ne peuvent être permises, en conséquence, qu'aux grands Maîtres. Quelle que soit la taille qu'ils se proposent de donner au cheval qu'ils auront à représenter, depuis trois pouces de tête jusqu'à trente-six, ils en trouveront dans l'hippomêtre les plus belles proportions naturelles. Il leur sera encore aisé de les réduire au dessous de trois pouces, & de les augmenter à volonté par-delà trente-six ; leur Art leur en facilite les moyens. Du reste, il n'est pas moins facile de se pourvoir de compas de cette eſpece ſur toute ſorte de meſures, ſans changer les proportions qui doivent régner entre les points.

Ceux qui deſireroient obtenir de plus grands éclairciſſemens, pourront s'adreſſer à M. GOIFFON, à l'École Royale Vétérinaire établie au Château d'Alfort, près de Charenton.

On trouvera chez le Sieur BERNIER, *Ingénieur pour les Instrumens de Mathématiques, à Paris, quai de l'Horloge du Palais, à l'enseigne du Niveau, des Compas à verge, & des Hippomêtres; & chez le Sieur* VALLAT-LA-CHAPELLE, *Libraire, sur le perron de la Sainte Chapelle au Palais, l'Explication ci-dessus, & la Table relative à l'Hippomêtre.*

TABLE DE L'HIPPOMÊTRE.

AVANT-MAIN.

Tête vue de face.

PLAN *supérieur.*

TOUPET, il ne touche le plan supérieur qu'en un point, & c'est celui où il est coupé par la tangente du front & du nez. *Ce n'est pas qu'il touche à cette ligne, mais dans ce point de vue il paroît y toucher.*

2.e *Plan.*

Crâne ; sa largeur entre les oreilles......... N.° 11.
(0.^{t} 0.′ 1.″ 12.)

Crâne & bases des oreilles pris ensemble, leur largeur................. 20.
(0.^{t} 0.′ 2.″ 14.)

3.e *Plan.*	Front, ſa largeur au plus ſaillant des os temporaux. (o.t 1.′ o.″ 3.)	N.o 24.
4.e	Front, ſa largeur au plus ſaillant des orbites. (o.t 1.′ o.″ 9.)	26.
Entre le 4.e & le 5.e	Yeux, diſtance d'un grand angle à l'autre. (o.t o.′ 2.″ 10.)	19.
5.e	Haut du chanfrein & joues pris enſemble, leur largeur. (o.t o.′ 2.″ 22.)	22.
6.e	Haut du nez & joues pris enſemble, leur largeur ſur les épines maxillaires. (o.t o.′ 2.″ 14.)	20.
7.e	Nez & joues pris enſemble, leur largeur au droit des premieres dents molaires. (o.t o.′ 1.″ 20.)	16.
8.e	Nez & joues pris enſemble, leur largeur au droit des barres. (o.t o.′ 1.″ 14.)	12.

Entre le 8.e & le 9.e Plan.	Nez & levres pris ensemble, leur largeur à la commissure des levres. N.°	14.
	(o.t o.' 1." 16.)	
9.e	Nez & nazeaux pris ensemble, leur largeur	16.
	(o.t o.' 1." 20.)	
Entre le 9.e & le 10.e . . .	Levre antérieure, sa largeur au-dessus des arrondissemens des angles	5.
	(o.t o.' 1." o.)	

Tête vue de profil.

1.er *Plan.*	Toupet, sa retraite en arriere de la tangente du front & du nez. . N.°	8.
	(o.t o.' 1." 6.)	
2.e	Oreilles, distance de la partie postérieure de leurs bases à la tangente du front & du nez. . . .	17.
	(o.t o.' 2." o.)	
3.e	Front, largeur de son angle en retour prise du contour antérieur au point le plus reculé de l'os temporal.	13.
	(o.t o.' 1." 15.)	

Encolure.

Vue antérieurement, ſa largeur d'un côté à l'autre régnante depuis la nuque juſqu'aux deux tiers de ſa longueur.........N.° 21.
(0.^{t} 0.′ 2.″ 15.)

Vue latéralement, ſa largeur depuis ſon inſertion dans l'auge juſqu'à ſon contour ſupérieur............31.
(0.^{t} 1.′ 1.″ 15.)

Sa longueur du ſommet du garot à la partie poſtérieure de la nuque...*tête.*
(1.^{t} 0.′ 0.″ 0.)

Sa largeur du ſommet du garot à la pointe du ſternum............36.
(0.^{t} 2.′ 2.″ 9.)

Poitrail.

Sa largeur d'une pointe d'épaule à l'autre de dehors en dehors........33.
(0.^{t} 2.′ 0.″ 0.)

Sa largeur ſur le plus ſaillant des épaules.........................34.
(0.^{t} 2′ 0.″ 16.)

Sa hauteur du deſſous du ſternum à la pointe de ce même os..........29.
(0.^{t} 1.′ 1.″ 0.)

Epaules.

Leur largeur, de leurs pointes au plan vertical qui passeroit par le sommet du garot & toucheroit aux coudes. . . . . N.° 30.
(o.^{t} 1.′ 1.″ 12.)

Leur hauteur du sommet du coude au sommet du garot. . . . . *tête.*
(1.^{t} o.′ o.″ o.)

Avant-bras.

Vu antérieurement, son épaisseur à son origine, de l'ars au contour extérieur. . . . . 11.
(o.^{t} o.′ 1.″ 12.)

Près du genou dans sa partie la plus mince. . . . . 5.
(o.^{t} o.′ 1.″ o.)

Vu latéralement, sa largeur, du sommet du coude au contour antérieur, suivant une ligne oblique. . . . . 23.
(o.^{t} 1.′ o.″ o.)

Près du genou dans sa partie la plus étroite. 12.
(o.^{t} o.′ 1.″ 14.)

Sa longueur antérieure, de ſon origine juſqu'à l'éminence mitoyenne de la partie inférieure du cubitus.................. N.° 32.
(0.ᵗ 1.′ 2.″ 7.)

Sa longueur poſtérieure, du ſommet du coude au pli du genou ou à la pointe de l'os crochu.... 35.
(0.ᵗ 2.′ 0.″ 18.)

Nota. *Si le Cheval eſt bien ſur ſes pieds, cette même meſure ſe trouve de la pointe de l'os crochu à terre.*

Sa diſtance de l'autre avant-bras, d'un ars à ſon oppoſé, dans le haut........................... 17.
(0.ᵗ 0.′ 2.″ 0.)

Genou.

Vu antérieurement, ſa largeur d'un des condiles du cubitus à l'autre........................ 10.
(0.ᵗ 0.′ 1.″ 11.)

Sa longueur de l'éminence mitoyenne de la partie inférieure du cubitus à l'éminence mitoyenne & ſupérieure du canon....... 13.
(0.ᵗ 0.′ 1.″ 15.)

Paturon.

Vu antérieurement, sa largeur au milieu de sa longueur........N.° 3.
(o.t o.' o." 20.)

Vu latéralement, son épaisseur.......4.
(o.t o.' o." 21.)

Sa longueur antérieure jointe à celle de l'os de la couronne, du milieu du boulet à l'origine de l'ongle........................15.
(o.t o.' 1." 18.)

Couronne.

Sa largeur d'un côté à l'autre.........11.
(o.t o.' 1." 12.)

Sa largeur de l'avant à l'arriere obliquement.......................11.
(o.t o.' 1." 12.)

Ongle & Fer.

Leur longueur antérieure...........7.
(o.t o.' 1." 5.)

CORPS ET ARRIERE-MAIN.

Corps.

Sa hauteur de la face inférieure du sternum à la sommité du garot. *On ajoutera à une tête la mesure que donnent les points* . . . . N.° 13.
(1.^{t} 0.′ 2.″ 0.)

Sa largeur au défaut des épaules. . . . . . 22.
(0.^{t} 2.′ 0.″ 16.)

Sa hauteur du milieu du ventre au milieu du dos . . . . *tête.*
(1.^{t} 0.′ 0.″. 0.)

Sa hauteur du sommet du coude au sommet du garot. *idem* . . . . *tête.*

Sa largeur d'un côté à l'autre. *idem* . . . *tête.*

Sa largeur d'un flanc à l'autre . . . . 24.
(0.^{t} 2.′ 1.″ 14.)

Sa hauteur au droit des flancs, du lieu où se termine le fourreau au point des lombes qui lui répond verticalement . . . . 26.
(0.^{t} 2.′ 2.″ 6.)

Sa hauteur totale de terre jusqu'au sommet du garot. *On ajoutera à*

deux têtes la mesure que donnent les points . . . . N.° 20.
(2.^{t} 1.′ 1.″ 12.)

Sa longueur, celle de l'avant-main & celle de l'arriere-main prises ensemble de la pointe de l'épaule à la pointe de la fesse inclusivement. *Voyez l'article précédent* . . . 20.
(2.^{t} 1.′ 1.″ 12.)

Longueur du corps prise séparément entre le plan vertical qui passeroit par le sommet du garot & toucheroit aux coudes, & un autre plan parallele qui passeroit par le sommet de la croupe & toucheroit aux rotules. *On ajoutera à une tête, la mesure donnée par les points* . . . . 18.
(1.^{t} 1.′ 0.″ 0.)

Sa hauteur sur le sol prise verticalement du milieu du dos. *On ajoutera à deux têtes. la mesure donnée par les points* . . . . 17.
(2.^{t} 0.′ 2.″ 12.)

Nota. *Cette mesure est de deux secondes plus courte que celle du garot à terre, & ces deux secondes sont précisément la mesure de l'abaissement du sternum au-dessous de la pointe du coude.*

Hanches & Croupe.

nent les points . . . . N.° 5.
(2.^{t} 1.$'$ 0.$''$ 6.)

Nota. *Cette dimenſion eſt moindre d'une ſeconde ſix points que celle du ſommet du garot à terre, & plus grande que celle du dos à terre, de dix-huit points ſeulement.*

Vu latéralement, ſa hauteur de la pointe, de la rotule (la jambe étant placée) au ſommet des angles poſtérieurs des os iléon . . . . . 23.
(0.^{t} 2.$'$ 1.$''$ 8.)

Graſſet.

Sa longueur antérieure du ſommet de la rotule à la tubéroſité du tibia . . . . 9.
(0.^{t} 0.$'$ 1.$''$ 15.)

Jambe.

Vu latéralement, ſa largeur au droit de la coupure de la feſſe . . . . . 16.
(0.^{t} 0.$'$ 2.$''$ 9.)

Sa largeur auprès du jarret . . . . 13.
(0.^{t} 0.$'$ 2.$''$ 0.)

Vu poſtérieurement, ſon épaiſſeur au droit de la coupure de la feſſe . . . . 11.
(0.^{t} 0.$'$ 1.$''$ 18.)

du tibia.......................N.° 8.
(o.^{t} o.' 1.'' 13.)

Sa longueur postérieure, de la pointe à la partie supérieure des péronnés, inclusivement.........16.
(o.^{t} o.' 2.'' 9.)

Canon.

Son épaisseur au milieu de sa longueur...........................1.
(o.^{t} o.' o.'' 20.)

Vu latéralement sa largeur au milieu de sa longueur...............5.
(o.^{t} o.' 1.'' 6.)

Sa longueur antérieure du pli du jarret au droit de l'articulation inférieure de la poulie jusqu'au milieu du contour supérieur du boulet.....................19.
(o.^{t} 1.' 1.'' 9.)

Boulet.

Vu antérieurement, sa largeur.........4.
(o.^{t} o.' 1.'' 4.)

Vu latéralement sa largeur du sommet du contour antérieur à l'origine de l'ergot sur une ligne oblique...........................7.
(o.^{t} o.' 1.'' 12.)

Paturon.

Couronne.

Ongle & Fer.

Fin de la Table.

49

www.ingramcontent.com/pod-product-compliance
Ingram Content Group UK Ltd.
Pitfield, Milton Keynes, MK11 3LW, UK
UKHW021523260726
13993UKWH00004B/1857